不寻常的科普世界

植物 篇

［日］长沼毅 编著

易映景 译

河北出版传媒集团　河北少年儿童出版社

图书在版编目（CIP）数据

不寻常的科普世界．植物篇／（日）长沼毅编著；
易映景译．— 石家庄：河北少年儿童出版社，2020.5（2021.11 重印）
ISBN 978-7-5595-2586-4

Ⅰ．①不… Ⅱ．①长… ②易… Ⅲ．①自然科学—儿
童读物②植物—儿童读物 Ⅳ．① N49 ② Q94-49

中国版本图书馆 CIP 数据核字（2020）第 036273 号

冀图登字：03-2016-011

不寻常的科普世界

BU XUNCHANG DE KEPU SHIJIE

植物篇 ZHIWU PIAN

[日]长沼毅　编著　易映景　译

策　　划	段建军　蒋海燕　赵玲玲	版权引进	梁　容
责任编辑	翁永良　李卫国	特约编辑	姚　敬
美术编辑	牛亚卓	装帧设计	王立刚

出　　版	河北出版传媒集团　河北少年儿童出版社		
	（石家庄市桥西区普惠路6号　邮政编码：050020）		
发　　行	新华书店		
印　　刷	鸿博睿特（天津）印刷科技有限公司		
开　　本	889mm×1194mm　1/16	印　张	2.75
版　　次	2020年5月第1版	印　次	2021年11月第2次印刷
书　　号	ISBN 978-7-5595-2586-4	定　价	39.80元

说到植物，大家都会想到什么呢？比如，植物一般是绿色的；很多植物可以开花结果；植物可以净化空气……大家想到的是不是这些呢？

但是我想到的却有所不同——长期没有人管理的田地会长满杂草；森林大火后的土地上会再长出新苗；植物的根若深入岩石裂缝，则会加速岩石的风化过程……由此可知，貌似无声无息的植物却隐藏着巨大的能量，可以慢慢改变地球表面的生态环境。

植物可以通过光合作用产生有机物（如淀粉）和氧气，除了供给植物自身外也供给包括人类在内的动物。二氧化碳属于温室气体，而植物光合作用吸收二氧化碳，可以有效缓解温室效应。

地球上的每一种生物，都会受到周围环境中很多其他生物的影响。生物之间最常见的就是取食或捕食关系。植物是生态系统中的生产者，直接或间接为动物提供物质和能量，有时也借助动物的力量将花粉和种子传播到远方。

关于植物的知识了解得越多，我们就越能感知植物鲜活的生命力。本书就是一本帮助大家了解植物的指南。

那么，让我们一起去了解植物吧！

日本广岛大学教授　**长沼毅**

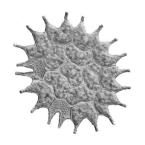  

阅读指南

为了便于读者理解，本书在结构编排上做了巧妙的设计。了解文字的位置和标注的含义，可以使你的阅读过程更加流畅、愉快。

此处是对有关内容的深入分析，十分重要。

本页所讲内容的题目

此处清晰精美的图片和浅显易懂的文字，可以帮助你了解前所未闻的信息，绝对会让你大开眼界。

标注 * 的词语，在 34 页的专业术语中有详细的解释。

本栏目介绍了与该主题相关的基础知识，利用模式图等形式分析了各种植物的结构特点；根据具体事例解释了常见的疑问并说明了不同植物生存方式的意义。

目 录

植物的进化史

在我们周围的环境中植物随处可见，而很久之前植物的祖先是在水中生活的，慢慢地陆地上才出现了植物。由于陆地和水中环境的不同，生活在陆地上的植物的形态也与水生植物有很大的区别。

植物登陆大作战

大约 4 亿年前，陆地上出现了植物，并在当时广袤的大地上繁衍蔓延。

陆生植物的出现（约 4 亿年前）

植物的祖先

植物的祖先生活在水中。研究发现，生长在池塘、沼泽等处的轮藻同陆生植物的祖先十分相近。

轮　藻

植物在陆地上不能像在水中时那样有水的浮力支撑，因此有根和茎的植物更容易在水边的陆地上存活。而此时在缺水的内陆还没有植物生长。

蕨类植物大森林的出现（约 2.6 亿年前）

开花植物的出现（约 1.35 亿年前）

随着能适应干燥环境的蕨类植物等的出现，生活在内陆的植物逐渐增加，甚至形成了森林。

能结种子的植物称为种子植物，它们可以借助风力或动物的活动传播种子，因此种子植物越来越多。随着时间的推移，种子植物中的绿色开花植物——被子植物*繁盛起来。

地球是一颗怎样的星球

植物并不是一开始就是我们今天看到的形态，能开出漂亮花朵的被子植物是在植物登上陆地2亿多年后才出现的。

和陆地环境的斗争

植物进行光合作用必不可少的就是二氧化碳和水，植物登陆后进化出了适应干燥环境的各种各样的结构：表面形成水分不易蒸发的蜡质层；吸收水分的发达根系；将水分运送到植物体各部分的输导组织产生；能够抵御干燥环境的种子形成……植物通过改变自身形态和繁殖*方式，适应陆地环境并不断蔓延发展。

苔藓植物　蕨类植物

苔藓植物通常具有茎和叶的分化，没有真正的根，可以通过植株表面的细胞直接吸收水分。

蕨类植物出现在苔藓植物之后。蕨类植物有根、茎、叶的分化，大多数生活在阴湿温暖的环境中。

裸子植物

被子植物

苔藓植物和蕨类植物都是靠孢子*繁殖，其后出现的是裸子植物*，能在干旱和贫瘠的土地上生长。

被子植物最晚出现，它们可以开出花朵、结出果实，果实里面包裹着种子。

和动物的相遇

随着陆地上蕨类植物的出现和日益繁茂，爬行动物如恐龙等也逐渐繁盛起来。植物抵御食草动物的采食而逐渐进化形成了防卫性的形态结构，比如有些植物的茎、叶变得越来越硬。另一方面，种子植物需要借助动物的活动传粉和传播种子，植物和动物的关系日益密切，其形态也随之改变。

知识链接

植物的结构

大多数植物都有根、茎、叶的分化。根在地下伸展，吸收水分和营养物质，并有固着植物体的作用。茎负责将根部吸收的水分和营养物质运输到植物全身，并支撑叶的生长。叶不仅可以通过光合作用制造有机物，还可以进行蒸腾作用，将植物体吸收的大部分水分通过蒸腾作用散失到大气中。

植物经过长时间的进化、发展和变化，形成了根、茎、叶的不同分工合作。

大多数植物都有根、茎、叶的分化。

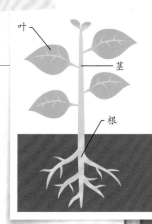

叶
茎
根

光合作用

光合作用是指植物利用太阳能，将水和二氧化碳转化为有机物，并且释放出氧气的过程。能够进行光合作用是植物的一大特征。

能进行光合作用的谜藻

植物的光合作用需要通过叶绿体来完成。叶绿体一般存在于植物细胞*中，动物细胞中没有。

谜藻

叶绿体

吞食藻类，获取叶绿体。

通过光合作用产生营养物质。

可以通过光合作用生成有机物

依靠吞食其他生物为生

谜藻是由日本学者发现并命名的，意为栖息在海里的谜一样的生物。谜藻吞食藻类后，体内藻类的叶绿体可进行光合作用。也就是说，谜藻获取藻类的叶绿体后，可以不用靠吞食其他生物生存，而可以通过光合作用自己制造有机物。而且，谜藻可以通过分裂繁殖。当谜藻一分为二后，叶绿体只能留在其中一个谜藻的体内，而另一个没有叶绿体的谜藻就要靠吞食其他生物为生，但如果它一旦吞食了藻类，就又可以通过光合作用自己制造有机物了。

开始分裂。

分裂完成后，形成两个谜藻。叶绿体只能留在其中一个谜藻体内。

叶绿体偏向分裂个体的一边。

光合作用是生命之源

绿色植物通过光合作用制造自己所需的营养物质，不断繁殖，并且扩大自己的生存范围。

什么是陆生植物？

陆生植物的祖先大约4亿年前来到陆地，并不断繁殖蔓延。通常将在陆地上生存的苔藓植物、蕨类植物、裸子植物、被子植物统称为陆生植物。生活在海洋中的裙带菜和生活在淡水中的栅藻等，都被称为藻类植物。藻类植物既有单细胞的，也有多细胞的，绝大多数是水生的，极少数可以生活在陆地的阴湿地方。

■ 能够进行光合作用的生物

陆生植物

藻类植物

裙带菜

栅藻

■ 光合作用养育了动物

光

吃

吃

陆生植物和藻类植物

养育动物的植物

陆生植物和藻类植物通过进行光合作用，为自己提供营养，并不断扩大自己的生存范围。动物不能进行光合作用，只能以植物或其他动物为食。如果追根溯源的话，被吃掉的动物也是直接或间接以陆生植物或藻类植物为食的。也就是说，通过光合作用制造有机物的植物养育着地球上的动物。

知识链接

光合作用造就了当今地球的环境

大约在46亿年前，刚刚诞生的地球上没有氧气。大约在30多亿年前，海洋中有一种名为蓝细菌的生物出现并进行光合作用制造有机物和氧气。当时，强烈的紫外线*直接照射到地球上，但是，随着蓝细菌产生的氧气的增加，阻挡紫外线的臭氧层逐渐形成。到数亿年前，臭氧层的量与现在臭氧层的量已大致相同，各种植物和动物才能够在地球上生存下来。

蜥蜴和企鹅在岩石上晒太阳。

根

根可以固着植物体，并从土壤中吸收植物所需的水分和无机盐。一般来说，植物的根不会暴露在地表，但是有些植物的根会伸出地面。

粗壮的根

榕树的根

榕树如流苏状的气根从枝条垂下，不断伸展，当气根碰触到泥土表面，便会形成粗壮的支柱根，以支撑整棵树。

在湿热地区生活的植物中，有些植物的根像茎一样粗，有些植物的根则长得像木板一样。一般高大的植物都有着粗壮的根。

银叶树的根

由于生长在潮湿多雨的环境，银叶树的根部向上长成了木板一样的形状，可以促进呼吸和增加支撑力。

根的作用

有些植物的根为了呼吸，会从地面伸出来，有些植物的根为了更好地吸收水分和无机盐，会借助菌类的力量。

会呼吸的根

海桑一般生活在海水与淡水交汇处的泥滩上，它的根会朝着地上生长。

植物的根、茎、叶细胞均进行呼吸作用，吸收氧气，放出二氧化碳。泥滩土壤中的氧气较少，因此海桑的笋状呼吸根会从泥土和水中伸出来，以便于呼吸。

海桑

海桑的笋状呼吸根长出了水面。

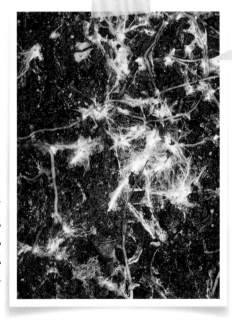

菌根菌

根部周围附着的白色物质就是菌根菌。陆地上植物的根部绝大多数都有菌根菌附着。

地下的共同生活

多数植物的根部都依附着菌类。菌类从植物根部吸收营养物质来生存，同时也给植物提供生长必不可少的无机盐等。土壤中的某些菌类与植物的根构成了共生体，在我们看不到的地下，植物的根和菌类共同生活。

知识链接

根的种类和作用

植物的根大致分为两种。有的没有明显主根，只有许多细长如胡须的根，就是须根系，如葱的根。有的既有粗壮的主根，又有从主根长出的许多侧根，这是直根系，如胡萝卜和白萝卜的根。

根的形态虽然各不相同，但都在地下不断

右上图为葱的根，右下图为胡萝卜的根。

延伸，不仅支撑着植物体，还能从土壤中吸收水分和无机盐供给植物所需。此外，有些植物的根还能贮藏养料，比如甘薯。

茎

植物的茎有支撑的作用，除此之外，茎中的输导组织还能运输水、无机盐和养料到植物体的各部分去。多年生木本植物的茎，人们一般称之为树干。

植物的吸水能力

植物有很强的吸水能力，有些植物能够吸取较远地方的水，而且很多植物可以储存大量的水分。

巨杉

生长在美国加利福尼亚州的巨杉是陆生植物中个体最大的常绿针叶乔木。有的树龄可达3000多年，图中这棵被称为"总统"的巨杉，树高70多米，人类在这棵巨杉旁边显得十分渺小。

猴面包树

生长于非洲热带草原上的猴面包树，其粗壮的树干中储存着大量水分，当地人有时会取其树干中的水来饮用。

为了获得光向高处生长

为了使更多叶片能够得到阳光的照射，植物的茎会不断地朝上生长。

向上爬的茎

植物茎的上部一般都长有叶、花和果实，为了更好地进行光合作用，茎会不断地向上生长。有些植物的茎不能直立，只能依附其他植物或物体向上生长，这就是藤本植物。藤本植物的藤蔓会缠绕在其他物体上，以此为支撑向上攀爬，以获得更多的光照。

防藤器

防藤器可以阻止藤本植物的攀缘茎或缠绕茎爬上电线杆。如果没有防藤器的话，植物的藤蔓会一直向上爬。

向上生长的拟南芥

将拟南芥横着摆放，不久后茎就会向上生长。

植物也能分清上和下

如果将花盆横着放，植物会怎样生长呢？当然不会继续横着生长了。同我们人类一样，植物也可以感受到重力*，即使将植物上下颠倒或者横放，茎也能向与重力相反的方向，即向上生长。

知识链接

植物茎的结构和作用

茎的内部有像管子一样运送水分、无机盐和有机物的通道：导管和筛管。导管把根部吸收的水运送到植物体的各个部分；筛管将叶片生成的有机物运送到植物体的各部分。导管和筛管都属于输导组织。

木本植物的茎称为树干，是树木的主体部分，树干可以加粗生长是茎的形成层细胞不断分裂和分化的结果。因为有树干牢牢支撑，树木才能逐渐长大。

右图分别是运输水和无机盐的导管、运输有机物的筛管。

导管　　筛管

叶

叶是植物体中叶绿体含量最多的部位。太阳光照射到叶片上，叶片会进行光合作用，生成植物生长所需要的有机物。

吸收太阳光的叶的形状

叶的作用虽然大致相同，但是不同植物叶的形状和数量却千差万别。有些植物有许多叶片，有些植物却只有一片叶。

王莲的叶

王莲有像托盘一样的大叶片，叶片的直径可达 2 米多。

蝙蝠草的叶

蝙蝠草有着如同蝙蝠形状的奇妙的叶。

单叶苣苔的叶

每株单叶苣苔只长一片叶，且只开一次花。

植物会长出许多叶，但是叶并不会重叠分布，这体现了植物利用光能的智慧。

充分接受阳光的照射

不同植物的叶在茎上着生的方式各不相同，但是有几种生长规律：叶在茎的左右两侧交错分布的是互生；两片叶相对生长的是对生；叶在地面附近蔓延生长的是基生；三片或更多片叶在节处像轮子一样分布的是轮生，此外还有簇生等方式。大多数植物的叶都是按照这几种规律生长的，叶片之间尽量不重叠，以利于吸收光线。

互生　每个节上的叶交错分布。

对生　每个节上的两片叶相对分布。

基生　叶在靠近地面处蔓延。

轮生　多片叶在节处轮状分布。

落地生根

落地生根掉在地上的叶片边缘生出新芽来。

长出新芽的叶

很多植物主要靠种子繁殖后代，但也可以进行营养生殖，即利用植物的营养器官（如叶）就可以繁衍下一代。

落地生根可以通过种子繁殖，但是如果从茎上切下叶片放到湿润的土壤上，叶片的边缘也可以长出新芽来。也就是说，落地生根不仅可以通过种子繁殖，还可以通过叶片繁殖。

知识链接

叶的作用

植物的叶主要有三大作用。第一个作用是光合作用，叶片表皮上有许多气孔，空气中的二氧化碳通过气孔进入植物叶片，参与光合作用，而制造的氧气也会通过气孔排出。第二个作用是呼吸作用，植物可以通过叶片上的气孔吸收空气中的氧气进行呼吸作用，排出二氧化碳。

在电子显微镜下看到的叶片表皮细胞之间的气孔。

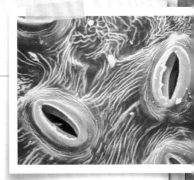

第三个作用是蒸腾作用，植物通过气孔将体内的水分以水蒸气的形式散发到大气中。

花

对植物而言，花是种子的产生地。大多数植物的花，在凋谢之后，在花着生的位置都会长出果实和种子。也就是说，植物开花是为了传粉，以便于结出果实和产生种子繁衍下一代。

给昆虫的信息

昆虫的眼可以识别蜜源的位置。昆虫看到的物体颜色和我们是不一样的。

人眼观测　虫眼观测

牵牛花

牵牛花正中的红色部分是蜜源的位置。一般依靠昆虫传粉的植物的花更鲜艳。

人眼观测　虫眼观测

风铃草的花

风铃草的花瓣中央颜色很深的部分是蜜源的位置。昆虫可以很快识别并找到花蜜。

蒲公英的花

蒲公英的花中央颜色不同的部分就是蜜源位置。我们看到的蒲公英的花和昆虫眼中的花颜色大不相同。

人眼观测　虫眼观测

传粉的武器

开花植物完成传粉和受精后，就会结出果实和种子。花的各种结构有利于传粉。

召集昆虫的方法

有些花需要将昆虫引诱过来进行传粉。花的颜色和植物茎、叶的颜色不同，并且可以散发出香味，都是为了告诉昆虫花蜜的位置。被引诱过来吸食花蜜的昆虫身上会沾上花粉，携带花粉的昆虫飞到别的花上采蜜时，就可以完成传粉。因此，植物的花可以通过香味、花蜜和鲜艳的颜色来吸引昆虫。

吸食花蜜的蜜蜂

蜜蜂可以帮助各种各样的花授粉。

绣球花的装饰花

花

花萼（萼片）

吸引昆虫的假花

不同植物的花结构各不相同。有的花凭借假的花瓣吸引昆虫，比如，绣球花看起来像是花瓣的部分其实是花萼*。花萼是花的最外一轮，由萼片组成，而绣球花真正的花其实是中间很小的圆形部分。花瓣状的花萼起到装饰作用，可以吸引昆虫。由此可见，植物通过各种各样的方式来吸引昆虫。

知识链接

动物和植物的甜蜜关系

杉树和水稻等植物的花比较小，但会产生许多小而轻的花粉，这些花粉随风飘散，以风为媒介进行传播。那么为什么很多植物，如丝瓜和苹果等要开出漂亮的花，吸引动物来传播花粉呢？

因为依靠动物传粉比借助风力传粉更容易

上图是借助风力传粉的杉树，下图是吸食花蜜的红灰蝶。

成功，许多植物能够开出颜色鲜艳、花蜜香甜的花，吸引昆虫等动物帮助传粉，从而增加了传粉的成功率，繁衍生息。

雄蕊和雌蕊

花的主要结构是雄蕊和雌蕊，雄蕊的花药中有花粉，雌蕊下部的子房里有胚珠。植物完成传粉和受精后，就会形成果实和种子。

平均 7 年开一次花

植物开花是为了传粉，但是有一种植物平均 7 年开一次花，而且花朵只开 2~3 天！让我们一起看看巨花魔芋的传粉过程吧。

巨花魔芋

巨花魔芋的花序高可达 3 米，直径可达 1.5 米，它平均 7 年开一次花，并且只绽放 2~3 天。

花序轴

巨花魔芋的花序生长迅速，雄花和雌花生长在同一花序上。整个花序会散发出腐臭味，吸引以腐肉为食的昆虫来传粉。

雄花

雌花

开花之前的巨花魔芋。

植物强大的繁殖能力

很多动物仅靠自己不能够进行繁殖。而植物具有极强的生命力，仅仅一株也可以繁殖。

自花传粉和异花传粉

植物通过传粉和受精产生种子，传粉方式一般有两种：自花传粉和异花传粉。自花传粉是雌蕊接受同一朵花雄蕊的花粉，异花传粉是雌蕊接受另一朵花的花粉。自花传粉更加容易，而异花传粉形成的种子抵抗力更强。异花传粉的植物都从同类其他植物或同一株植物的不同花那里获得花粉，形成种子。

自花传粉

雌蕊接受同一朵花的花粉。

异花传粉

雌蕊接受同一种类另一株花的花粉，或接受同一株不同花的花粉。

鸭跖草

鸭跖草开花的时候，花粉就已经附着在了雌蕊上。

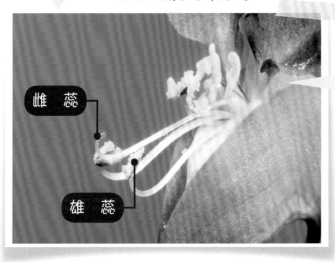

雌蕊

雄蕊

若等不及，则自花传粉

很多雌雄同株的植物既可以进行自花传粉，也可以进行异花传粉。但因为异花传粉得到的种子抵抗力更强，所以当各种条件都适宜时，同一朵花的雌蕊和雄蕊的成熟时间是不同的，以利于进行异花传粉。若条件不适合或时间来不及的话，植物就会进行自花传粉，比如鸭跖草，它的雄蕊会卷起来，使花粉落到同一朵花雌蕊的柱头上。

知识链接

雄蕊和雌蕊的作用

植物的花中有花蕊，分为雄蕊和雌蕊，它们是花的主要结构。根据雄蕊和雌蕊的有无，植物可以分为不同的类型：有的植物同一朵花中有雌蕊和雄蕊，如牵牛花、百合花；有的植物单株中有含雄蕊的雄花和含雌蕊的雌花，如玉米、黄瓜。此外，杨、柳等植物分为只开雄花的雄树和只开雌花的雌树，它们通过两种性别的植株传粉和受精来繁衍后代。

右图为百合花的雄蕊和雌蕊。雄蕊环绕着雌蕊。

果 实

被子植物完成传粉和受精后可以结出果实来，果实当中包裹着种子。果实的作用是保护种子，并且有利于动物把种子带到其他环境。

形态各异的果实

开花的被子植物可以结出果实，果实的形状各异。而有些植物的果实太过奇怪，甚至会让你怀疑它们究竟是不是果实。

榴梿

榴梿被称为水果之王。榴梿果实表面长着许多硬刺，果肉气味浓烈，爱之者赞其香，厌之者怨其臭。

南非钩麻

南非钩麻的果实上有很多微小的爪钩，顶端还有两个长钩子，如同锋利的爪子一般，因此人们也叫它"魔鬼爪"。

杨桃

杨桃有五个棱，横切开来是五角星的形状。

佛手

佛手的果实基部呈圆形，上部分裂，形状像手指一般，因此得名。

给猴子和鸟的礼物

我们平时吃的很多果实的颜色都很鲜艳，这其实也是植物繁殖的智慧哟。

远距离"旅行"的策略

植物完成受精后，称为子房的部分会继续发育为果实。植物通过颜色鲜艳、味道甜美的果实吸引觅食的猴子和鸟等动物，并通过这些动物的携带，它们的种子实现远距离"旅行"。也就是说，猴子和鸟等动物会把果实中的种子带到更远的地方，这样植物传播种子的目的就达到了。没有成熟的果实通常是绿色的，这是因为不显眼的颜色的果实不容易被发现和吃掉，而具有鲜艳颜色的果实容易被发现且取食。

正在吃苹果的鸟

正在吃柿子的猴子

被子植物的繁盛

地球上已知的植物中大约有 25 万种是被子植物。被子植物大约在 1.35 亿年前出现，此前繁盛的裸子植物主要靠风力传粉，而很多被子植物可以通过鲜艳的花、香味和花蜜吸引昆虫和其他动物，借助它们传播花粉，使得传粉的成功率大大提高。被子植物还通过所结的果实吸引其他动物，借助动物就可以把果实和里面的种子传播到远方，进而扩大自己的生存范围。

知识链接

果实的结构

被子植物的花经传粉、受精后，被称作子房的部分发育成果实，子房壁发育成果皮，子房里面的胚珠发育成种子。仅由子房发育而成的果实称为真果。如桃的果实就是真果，它肥厚多汁的果肉是中果皮。如果除了子房以外，还有其他部分（如花托等）参与发育

右图分别是桃和草莓的果实。草莓表面的小颗粒是种子。

形成果实，这种果实就是假果。比如草莓可食用的果肉实际是由花托发育而成的。

纵切开的桃果实

纵切开的草莓果实

种　子

种子在适宜的条件下萌发长成幼苗，幼苗再进一步长成植株，当植株生长到一定阶段后，又可以开花结出种子，代代相传。种子有着很强的生命力。

穿越空间的种子

植物的种子可以借助外力传播到更适合生长的地方。它们可以穿过陆地，跨过广阔的海洋，甚至可以在空中穿越。

翅葫芦

翅葫芦的种子如同被轻薄的翅膀包裹着，乘着风像滑翔机一样飞行。

鬼针草

鬼针草长有种子的果实表面有刺毛或倒钩，容易粘在或钩在动物的身上，被携带到其他地方。

滨玉蕊

滨玉蕊的种子会随着海水漂流，当被冲上岸后，条件适宜就会萌发。滨玉蕊种子中含有毒素，这是为了避免随波逐流时被鱼吃掉。

穿越时间的种子

有的植物种子即使经历了上千年的时间仍旧能够发芽，可以说孕育生命的种子穿越了时间。

苏醒的古代莲花

种子可以长时间处于休眠状态，只要水分、空气、温度等条件适宜，就能够发芽。右图是名为大贺莲的莲花，它在 20 世纪 50 年代初被发现于日本千叶县一处农场地下的青泥层中，经过植物学家大贺一郎的精心培育，种子居然发出新芽。通过研究发现，该种子居然是 2000 年前的莲花种子。

大贺莲

大贺莲的种子被带到了很多地方，因此我们在许多地方都可以看到大贺莲。

挪威斯瓦尔巴全球种子库

这个种子库中储藏着上百万份种子。

承载希望的种子

挪威的斯瓦尔巴群岛上有个全球种子库，这里收集了世界各地众多种类植物的种子。这个种子储藏库修建在半山腰的山洞中，为了使种子保持发芽的能力，储藏库的温度恒定在 –18℃。此外，储藏库高出海平面 100 多米，因而不受全球气候变暖造成的海平面上升的影响，十分安全。万一哪一天，某种植物消失了，那么种子库中的种子将能够给人类带来希望。

知识链接

饱含生命力量的种子

种子中含有淀粉等营养物质，可以为种子萌发提供营养和能量，因此植物种子的萌发与土壤的贫瘠和肥沃无关。而且有的植物种皮非常坚实，就算被动物吃下去也不能消化，会随粪便一起排出体外。

种子的萌发需要满足水分、空气、温度等

右图为西瓜的种子。

条件的适宜，如果条件不具备的话，种子就处于休眠状态，不会发芽，但种子本身还具有发芽的能力。总之，种子可以孕育出新的生命，饱含着生命的力量。

能自我保护的植物

自然界中的植物，都会受到周围环境中其他生物的影响。比如与其他植物争夺阳光、养料和水分；会被动物取食。为了生存，植物进化出了各种各样保护自己的本领。

植物的战斗

有的植物，会散发能够抑制周围其他植物生长的化学物质，从而争夺水分和养料。

荞麦

植物向周围环境释放特定的化学物质，从而对邻近其他植物产生影响的作用，就是化感作用。荞麦可以释放一种化学物质，阻止周围杂草的生长。

甘薯

甘薯同杂草相比有很强的竞争力，而且还有很强的繁殖力。

红花石蒜

将红花石蒜种植在水田边，既可以阻止杂草繁殖生长，又可以防止动物在农田附近打洞。

植物与动物的对决

有些植物会通过释放化学物质使动物不敢取食，从而保护自己。

植物会呼唤保镖

有的植物在被动物取食时，会释放出某种化学物质，该物质可以吸引取食者的天敌。比如，二斑叶螨在以青豆的叶子为食时，青豆的叶会释放出一种化学物质，将二斑叶螨的天敌植绥螨吸引来，并将二斑叶螨吃掉。青豆吸引二斑叶螨的天敌植绥螨前来作为自己的保镖，避免自己的叶片被二斑叶螨吃掉，以此保护自己。

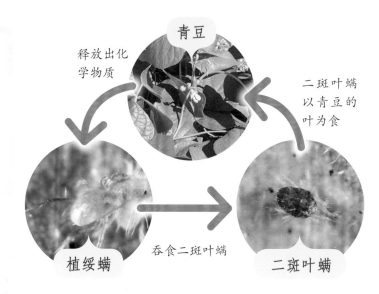

青豆

释放出化学物质

二斑叶螨以青豆的叶为食

植绥螨　　吞食二斑叶螨　　二斑叶螨

黄褐天幕毛虫的幼虫

黄褐天幕毛虫的幼虫在树枝上搭建幕布一样的网巢。

植物会通知同伴危险

有些植物在被取食时，会分泌出化学物质，而周围其他同类植物也会分泌出同样的化学物质，以防止被取食。比如有些果树的叶子一旦被黄褐天幕毛虫的幼虫啃食，就会释放出阻碍幼虫生长的化学物质，而它周围还没有被幼虫啃食的果树也会释放出同种化学物质。

知识链接

保护自身的刺

我们已经了解到有的植物会通过释放化学物质来保护自己，而有的植物是利用自身的结构来保护自己。如月季和玫瑰的茎上长着很多尖利的刺；刺桂的叶形奇异，有些叶的边缘有刺状齿，十分锋利，这都是为了防止被其他动物吃掉。

有的植物为了适应艰苦的生存环境，减少水分的蒸发，避免被其他动物啃食，在漫长的进化*过程中，叶逐渐变成了刺状，比如仙人掌的叶。

月季的茎上长有尖利的刺。

极端环境中的植物

干旱的沙漠、高耸的山脉、含有重金属的土地……这些大多数植物很难生存的环境称为极端环境，但有的植物却能够在这种极端环境下生存。

在缺水的环境艰难求生

沙漠十分干旱，降水稀少，大多数植物都不能在沙漠生存。但是有的植物特别顽强，可以在如此干旱的环境中存活下来。

龙血树

索科特拉岛位于阿拉伯半岛南部，岛上降水量很少，但在这里却生长着适应了这种气候的龙血树，它们的树冠如同雨伞一样。

千岁兰

千岁兰生长于气候炎热、极为干旱的沙漠等地，寿命很长。千岁兰看起来像是有很多片叶子，其实它们都是由两片叶子分裂生长而成的。

挑战极限

植物要在风力大、气温低的高山上，或是含有重金属的土壤中存活，可不是一件容易的事。

抵御严寒

高山上气温很低，风力很大，紫外线照射强烈，这对于生物来说是十分恶劣的生存环境。在高山上生活的植物样貌有其独特的地方。比如，塔黄长出的花序被半透明且金黄色的苞片包围，既可吸收光能、阻止热量流失，又能阻挡紫外线；雪兔子植株上长着绒毛，像穿了件棉衣，可以抵御严寒。

塔 黄

塔黄的金黄色苞片有聚光隔热的作用，如同温室一般。

雪兔子植株上长满了绒毛，使其能在寒冷的高山上生存。

雪兔子

沙漠王羽

菥蓂

菥蓂可以大量吸收土壤中的金属元素，如镉。

沙漠王羽生活在北美洲，植物体内可以积累硒。

可以"吃"重金属的植物

如果土壤中含有重金属，则植物在吸收土壤中营养物质的同时，也会吸收重金属，因此很多植物不能在含有大量重金属的土地上生存。但是有些植物的生长根本不受影响，甚至还可以吸收积累重金属。比如菥蓂（xīmì）可以吸收大量的镉。

知识链接

适应环境的植物

在植物与环境相互作用的漫长过程中，植物不断进化，结构发生了变化，以适应环境。以仙人掌为例，仙人掌的茎中储存着大量的水分，一般呈长椭圆形或圆柱形，肉质化，因此可以在干旱的沙漠中生长。另外，很多植物不耐盐，如果浸到海水里会失水枯萎。但是红树却可以生活在海边的潮间带，对盐土的耐受性极强。

仙人掌可以在干旱地带生长。

寄生植物

绝大多数植物都可以进行光合作用，制造自身所需的有机物，而自身不能进行光合作用制造有机物，依靠从其他植物体上吸取养料而生活的植物，就是寄生植物。

争夺营养的斗争

寄生植物靠夺取其他植物的营养生存，这些植物形态各异。

独脚金

独脚金是生命力很强的半寄生植物，会阻碍农作物的生长。

槲寄生

槲寄生的种子被鸟带到别的树上发芽生长，看起来像是挂在树上的圆球。

水晶兰

水晶兰全株是白色的，不含叶绿体，只能靠从土壤中腐烂的植物获取养分生存，是腐生植物，不属于寄生植物。

可怕的寄生植物

有些寄生植物的根部会侵入其他植物体内，或是静候宿主植物发芽……寄生植物的生命力真的很顽强。

营养的小偷

寄生是指一种生物生活在另一种生物的体内或体表，从中获得养分，维持生活。这种生存方式使一方受益，另一方受害。受益的一方称为寄生生物，而受害的一方称为宿主。寄生植物常以不定根形成吸器，深入宿主植物的体内，吸取宿主的营养和水分。寄生植物没有茎、叶或茎、叶已经退化。

菟丝子

菟丝子是一种寄生植物，它的寄生根会侵入宿主植物体内，获取水分和营养。

寄生根

有独脚金寄生生长的田地

独脚金寄生在农作物上，在这片田地疯长。

对农作物的重创

独脚金有着极强的生命力，对农作物生长造成很大的影响。独脚金的种子在宿主植物萌发生长之前，就在土壤中悄悄等待。宿主萌发后，独脚金感受到宿主根部释放的化学物质，开始萌发并寄生。被寄生的植物，特别是农作物，会由于营养不足而发育受阻，这给很多地区的农业造成了很大的影响。

知识链接

大王花的一切都依赖其他生物

世界上花朵最大的植物之一——大王花，其实属于寄生植物，它可以寄生在藤本植物的根、茎或枝条上。大王花通过巨大的花朵散发出的臭味来吸引苍蝇等昆虫，靠它们传粉。大王花基本没有茎、叶，用来吸收营养物质的器官已退化成菌丝体状，能够侵入宿主的体内，

也就是说大王花生存所需要的一切都依赖其他生物。

大王花开出很大的花朵。

食虫植物

食虫植物一般是指会捕获并消化动物（如昆虫）而获取营养的植物。在长期的进化中，食虫植物已经具备了吸引、捕捉并消化动物的能力。

用叶子捕虫

食虫植物的形态和其他植物大不相同。

捕蝇草

捕蝇草的叶特化成捕虫夹，叶边缘有刺毛，昆虫一旦碰触到刺毛，捕虫夹会咬合在一起，将昆虫困在其中。

猪笼草

猪笼草的叶特化成了笼子的形状，里面有消化液，滑落进"捕虫器"里的昆虫会被溶解，其营养成分会被猪笼草吸收。

捕食昆虫的原因

植物的生长需要氮、磷、钾等无机盐，而食虫植物依靠捕捉昆虫以获得营养物质，使其能在缺乏这些无机盐的土壤环境中存活。

生存下来的办法

植物通过光合作用制造含碳有机物，但植物还需要其他营养物质，如含氮化合物。这就需要植物先从土壤中吸收无机盐，再在体内合成相应的有机物，但若土壤较贫瘠，植物经过长期进化，就通过捕捉昆虫来获得营养。食虫植物也进行光合作用，为了补充所缺乏的营养物质，才会捕食昆虫。

圆叶茅膏菜

圆叶茅膏菜的叶上有很多细毛，细毛上有黏液，可以粘住昆虫，然后慢慢将昆虫消化，转化成自身的营养。

狸藻

狸藻生活在沼泽等地，其小小的捕虫囊，可以将水蚤等吸入囊中。

改变叶的形态

很多食虫植物通过特化的叶结构来捕捉昆虫。比如捕蝇草像夹子似的部分和圆叶茅膏菜可以粘住昆虫的部分都是叶变化而来的；猪笼草的"笼子"和狸藻的"囊"也是叶变化而来的。植物在漫长的进化过程中，叶的形态发生了各式各样的变化，以适应生存的环境。

知识链接

蝙蝠的住所是食虫植物？

很多动物借助植物来筑巢，有的动物会将食虫植物作为住所。东南亚的一种猪笼草就是蝙蝠的住所。蝙蝠住在猪笼草的捕虫器里，而猪笼草从蝙蝠的粪便中吸收营养。

此外，研究人员还在猪笼草的捕虫器里发现了一种小青蛙产的卵。因为猪笼草的消化液对蝌蚪不起作用，还可以为蝌蚪提供湿润的生活环境，所以蝌蚪可以在捕虫器里慢慢长大。由此可知，食虫植物不仅可以吃掉动物，还可以为动物提供住所。

蝙蝠进入猪笼草的捕虫器里。

蘑菇

很久以前，人们认为蘑菇是低等的植物。后来，渐渐发现蘑菇和植物的亲缘关系很远，蘑菇属于真菌。我们都知道很多蘑菇可以作为食物，但是蘑菇的用途不止于此，它还在保护森林环境方面发挥着重要作用。

奇妙的蘑菇

很多蘑菇的形状都十分奇特，但是除了形状之外，蘑菇还有许多不可思议的特征。

荧光小蘑菇

荧光小蘑菇在夜里会发光，而发光的原理目前还未知。

蜜环菌

表面看上去只是普通的蘑菇，但其实这些蘑菇的地下部分都连在一起，称为菌丝体。

红角肉棒菌

红角肉棒菌看起来有点儿像火焰，又叫火焰草，它是一种毒性极强的蘑菇。哪怕只是碰一下它，触碰的地方也会有灼痛感。

蚁虫草

有一类蘑菇靠从蚂蚁体内夺取营养生长。这种蘑菇寄生在蚂蚁体内，最后蚂蚁因营养被蘑菇消耗完而死去，从蚂蚁体内长出的蘑菇称为蚁虫草。

不可思议的生活方式

各种蘑菇和各种霉菌都属于真菌，它们和植物、动物的生活方式不同。

蘑菇的生存方式

我们平时所见的蘑菇，其实称为子实体。子实体群生或丛生，当其成熟时，产生大量孢子。孢子在一定条件下萌发形成菌丝，菌丝的集合体构成菌丝体，菌丝体是蘑菇的营养器官，有些菌丝体会进一步发育形成子实体。蘑菇的生长发育需要很多营养物质，但蘑菇不能进行光合作用自己制造，其营腐生生活，通过分解朽木、枯叶等中的有机物获取营养。

蘑菇的孢子

蘑菇周围白色的小颗粒就是孢子。在蘑菇"小伞"的内侧产生。

子实体和菌丝体

子实体

菌丝体

像根一样不断扩张的是菌丝体，而菌丝体上部膨胀的部分是子实体。

没有放电处理的蘑菇

放电处理后的蘑菇

比没有放电处理的蘑菇长得更大更好。

雷电和蘑菇

人们早就发现如果打雷的话地上长出的蘑菇就会增多。科学家对此进行研究后发现，如果人为诱发雷电轰击一块长有蘑菇的木头，长出的蘑菇数量会增加，而且个体更大。据此推断，放电会使菌丝被切断，而在切断的地方会长出新的菌丝，因此蘑菇的数量会增加，个体也会更大。

知识链接

保护森林环境的蘑菇

倒下的树木、枯萎的树叶、动物的遗体等都可以被蘑菇利用。这些动植物体的有机物在被蘑菇分解后又会变成土壤的一部分。此外，蘑菇在分解有机物的过程中，会产生植物生长所必不可少的无机盐。植物可以吸收这些无机盐，因此蘑菇间接地也养育了以植物为食的动物。

我们经常可以看到倒下的树木上长出蘑菇，因为蘑菇需要分解朽木中的有机物获取营养。

在森林生态系统中，蘑菇发挥着不可或缺的作用。

海藻

植物的祖先原本生活在海里，经过很长一段时间陆地上才出现了植物。现在还有很多植物生活在海里，比如裙带菜和海带等藻类，这类生物称为海藻。

高高耸立的海藻

有的海藻很小，有的海藻很大，有些甚至高达数十米。

巨藻

巨藻是高达数十米的海藻，成群生长在海底，就像一片海底森林。成群生长的巨藻对其他生物十分重要，这里往往聚集着大量海洋生物，它们可以在此产卵，并且躲避天敌。

海藻与环境

海藻是生长在海洋中的低等植物，它们和其他植物一样，都受到环境变化的影响。

海藻是植物吗？

海藻在海里生存，固着在岩石等物体上，能够进行光合作用，并通过孢子繁殖。有些种类的海藻看起来和陆地上的植物很像，但其实它们没有根、茎、叶的分化。看起来很像植物根的固着器主要作用是使海藻固定在岩石上，并不能吸收水分和营养物质。

海带

固着器

生长在浅海区域的海带看似长了根，其实是固着器。

海洋荒漠化前

海洋荒漠化后

海洋的荒漠化

海藻生存的海藻床对于海洋生物来说非常重要，既是居住的场所，也是获得食物的地方。对于把海洋生物作为食物来源之一的人类来说，海藻床也是非常重要的海洋环境。然而，近些年由于人类活动对海洋环境的污染加剧，出现了大片海藻死亡的现象，海底岩石暴露，这种现象就是海洋荒漠化。海藻床养育着众多海洋生物，因此海藻床的修复问题亟待解决。

知识链接

海獭、海胆和巨藻

不同环境中生活的生物之间有着复杂的关系，共同维持生态平衡。比如在加利福尼亚附近的海里，有一片巨藻构成的海底森林，许多生物在里面居住。海胆以巨藻为食，而海獭捕食海胆，它们共同构成了食物链*。然而，随着海獭数量的大幅度减少，海胆的数量逐渐增多，

海獭浮在水面上进食海胆。

导致巨藻减少。如此一来，在海底森林产卵的鱼类和聚集在海底森林的生物逐渐减少，环境变得大不如前。像这样，由于一种生物数量的改变，使得环境被破坏的现象时有发生。

浮游植物

在海洋、河流等水环境中悬浮生活的生物就是浮游生物。浮游生物中，能够进行光合作用的浮游植物支撑着海洋生态系统*、淡水生态系统等。

大自然的艺术

通常浮游植物是指浮游藻类，很多浮游藻类有着漂亮的形状，让人觉得不像生物。

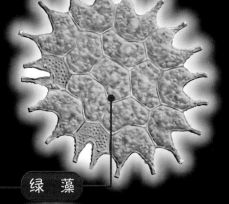

绿藻

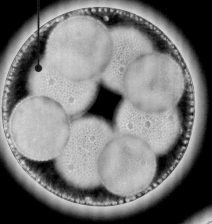

浮游藻类的形状

浮游藻类种类很多，有绿藻、甲藻、硅藻等。

硅藻

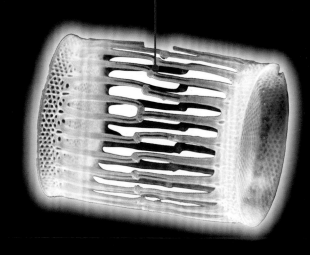

甲藻

养育海洋生物的浮游植物

如果海洋中没有浮游植物，那么海洋动物就无法生存。浮游植物是海洋生态系统的开端。

什么是浮游植物？

浮游生物是指悬浮于水层中个体很小的生物，行动能力微弱，全受水流支配，某些藻类和水母等都属于浮游生物。浮游植物是指在水中漂浮生活的微小植物，一般是指浮游藻类。地球上的浮游植物种类和数量非常多。

硅藻

硅藻是细胞壁高度硅质化的浮游藻类。

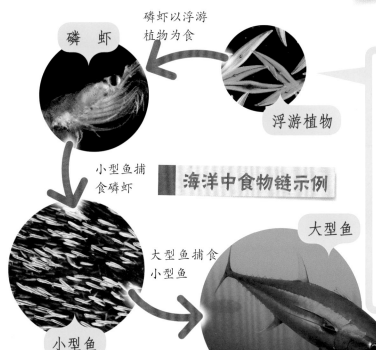

磷虾以浮游植物为食

磷虾

浮游植物

小型鱼捕食磷虾

海洋中食物链示例

大型鱼捕食小型鱼

大型鱼

小型鱼

小身体大作用

虽然浮游植物个体微小，但在海洋生态系统中却是食物链的开端。如果没有浮游植物，则磷虾、鱼、鲸等都无法生存。另外浮游植物可以进行光合作用产生氧气，不断地更新地球大气。浮游植物不仅为海洋生物提供物质基础，而且还在地球大气的更新中发挥着重要作用。

知识链接

制造云朵的浮游植物

在南极附近的海里，浮游植物被其他海洋生物吃掉后，会产生一种含硫化合物，其被降解后会变成一种挥发性有机硫化物，随着海水一起蒸发，进入大气中，是大气硫化物的重要来源，对云朵的形成有很大的贡献。

大多数浮游植物小到肉眼看不见，但可以

养育海洋生物，构建地球的大气成分。因此，浮游植物在保护地球生态方面发挥着巨大的作用。

南极上空漂浮扩散的云朵。

植物与环境

植物与周围环境中的生物有着千丝万缕的联系，并且发挥着各自的作用。就算看起来没有丝毫关系的事物，也有着直接或间接的联系。

守护动物的植物

动物的生存和植物息息相关，它们直接或间接依赖植物！

居住在印度尼西亚森林里的科罗威人，在树上建造房屋。而且无论是吃的还是穿的都来自森林。

居住在森林里的人类

生活在印度尼西亚的猩猩，被当地人称为森林之人，它们无论睡觉、觅食还是游戏，都在树上。

树上生活的猩猩

聚集在大树上的黑脉金斑蝶

在北美大陆生活的黑脉金斑蝶为了越冬，会成群结队开始数千千米的迁徙旅程。冬天，黑脉金斑蝶会栖息在墨西哥中部地区的树木上越冬。

啄木鸟在树上打洞，在洞中养育幼鸟。幼鸟长大后离开树洞，树洞又成了其他动物的住所。

在树上养育幼鸟的啄木鸟

狮子可以爬上树，在树上睡觉。

在树上休息的狮子

黄猄蚁利用幼虫吐的丝卷起树叶，筑起蚁巢。叶子制作而成的蚁巢可以让黄猄蚁不容易被天敌发现。

用叶子建巢的黄猄蚁

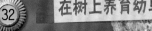

森林为众多动物提供了食物和住所，但不是只有陆地上的生物才受到了森林的恩惠。

制造营养物质的森林

养育海洋生物的森林

森林养育着许多陆地动物，也间接养育着海洋生物。森林中有许多植物和动物，产生的落叶、枯木、动物的遗体等被菌类分解后转变为土壤中的一部分，因此森林的土壤中富含营养物质，而这些营养物质会随着河流流向海洋，养育着海洋里的植物。以这些植物为食的鱼类、贝类等也会增加。

蘑菇等菌类分解朽木、落叶等中的有机物，将其转化成无机物，供植物重新利用。

海湾附近的集鱼林

召唤鱼类的集鱼林

很早以前人们就知道鱼类会聚集在海陆交界地带的森林附近。渔夫发现了森林和海洋的联系，并将海岸边的森林称为集鱼林。现在，海岸边的森林仍然对海洋生物具有重要影响，因此受到广泛的保护，被称为集鱼保安林。

海湾附近的森林作为集鱼林，受到保护。

知识链接

保护环境的植物

植物通过各种各样的方式保护地球的环境。比如，植物通过光合作用吸收二氧化碳并制造动物所必需的氧气，有些植物还可以吸收造成大气污染的气体，使得空气更加清新。此外，沿海的森林作为防风林，可以减弱海洋的强风。山林可以涵养水源，调整流向河流的水量。植

河边的植物构成了绿色的堤坝。

物的根部牢牢扎进土里，可以防止泥石流灾害的发生。由此可见，植物保护着我们赖以生存的环境。

专业术语

被子植物 发育形成种子的胚珠包被在子房壁内，因此称为被子植物，被子植物的子房发育成果实。

繁 殖 指生物体的亲代个体产生子代个体的生命现象。繁殖方法可以分为两大类：有性生殖和无性生殖。有性生殖是指雄性和雌性生殖细胞结合产生后代；无性生殖是不经过两性生殖细胞结合，由母体直接产生后代。

孢 子 脱离亲本后能直接或间接发育成新个体的生殖细胞，苔藓植物、蕨类植物、海藻和蘑菇都靠孢子繁殖。

裸子植物 胚珠在受精后发育为种子，并裸露，因此称为裸子植物。

细 胞 构成生物体的基本结构，绝大多数生物都是由细胞构成的。

紫 外 线 波长比可见光短的电磁波，在光谱上位于紫色光的外侧。如果长时间暴露在紫外线下，细胞会受到伤害。

重 力 物体在天体表面或其上空所受的该天体的引力，如地球上的物体都受到向下的力，这就是重力。

花 萼 是花的最外一轮，由萼片组成，常呈绿色，近似叶片，也有呈花瓣状的。

进 化 生物群体的遗传组成部分或全部的不可逆转变，这种转变主要是基于生物与其环境的相互作用。

食 物 链 指包括人类在内的生物之间"取食与被取食"的关系。植物通过光合作用能够制造有机物，因此处于食物链的最低端。

生态系统 是一定范围内生物及其生活的环境的总称。海洋、森林、池塘等都是生态系统。